Shashidhara N. M.

Aceleradores de partículas e diferentes estados da matéria

Shashidhara N. M.

Aceleradores de partículas e diferentes estados da matéria

ScienciaScripts

Imprint
Any brand names and product names mentioned in this book are subject to trademark, brand or patent protection and are trademarks or registered trademarks of their respective holders. The use of brand names, product names, common names, trade names, product descriptions etc. even without a particular marking in this work is in no way to be construed to mean that such names may be regarded as unrestricted in respect of trademark and brand protection legislation and could thus be used by anyone.

Cover image: www.ingimage.com

This book is a translation from the original published under ISBN 978-620-8-41848-9.

Publisher:
Sciencia Scripts
is a trademark of
Dodo Books Indian Ocean Ltd. and OmniScriptum S.R.L publishing group

120 High Road, East Finchley, London, N2 9ED, United Kingdom
Str. Armeneasca 28/1, office 1, Chisinau MD-2012, Republic of Moldova, Europe
Managing Directors: Ieva Konstantinova, Victoria Ursu
info@omniscriptum.com

Printed at: see last page
ISBN: 978-620-3-32624-6

ACEITADORES DE PARTÍCULAS E DIFERENTES ESTADOS DA MATÉRIA

Por

Sr. Shashidhara N M M.Sc., M.Phil,
Professor
Assistente
Departamento
de Física
de Ciências de Sahyadri
Shivamogga-577203, Karnataka,
ÍNDIA

Índice

ACCELEADORES DE PARTÍCULAS

Uma partícula é um dispositivo que utiliza campos electromagnéticos para impulsionar partículas carregadas a altas velocidades e para as conter em feixes bem definidos

Existem duas classes básicas de aceleradores, conhecidos como aceleradores electrostáticos e aceleradores de campo oscilante. Os aceleradores electrostáticos utilizam campos eléctricos estáticos para acelerar as partículas. Um exemplo em pequena escala desta classe é o tubo de raios catódicos de um vulgar televisor antigo. Outros exemplos são o gerador de cock croft-walton e o gerador de van de Graff.Os aceleradores de campo oscilante, por outro lado, utilizam campos electromagnéticos para contornar a avaria. O campo oscilante, desenvolvido na década de 1902, é a base de todos os conceitos modernos de aceleradores e instalações de grande escala. Rolf Wideroe, Gustav Ising, Szilard, Donald e Ernest Lawrence são considerados os pioneiros deste campo, concebendo e construindo o primeiro acelerador de partículas linear operacional, o betatrão e o ciclotrão.

Para além da sua utilização mais conhecida nos colisores (por exemplo, LHC, RHIC, Tevatron), os aceleradores de partículas são utilizados em física de partículas numa grande variedade de aplicações, incluindo a terapia de partículas para fins oncológicos e como fontes de luz sincrotrão para domínios como a física da matéria considensual.Apesar do facto de a maioria dos aceleradores (mas não as instalações de iões) impulsionarem partículas subatómicas, o termo persiste na utilização popular quando se refere a aceleradores de partículas em geral.

O mesmo princípio é utilizado no tubo de raios X, no CRO, no espetrógrafo de massa, no microscópio eletrónico e em muitos outros dispositivos modernos. A partícula mais frequentemente utilizada para a aceleração são os electrões e os núcleos de elementos leves, como o carbono, o berílio, o azoto, o oxigénio e o néon, também foram acelerados.O termo aceleradores de partículas será generalizado para incluir dispositivos que, por si só, apenas fornecem grandes diferenças de potencial, mas que, quando combinados com tubos de iões, aceleram os iões para energias muito elevadas.

Os aceleradores de partículas têm sido instrumentos importantes na realização de investigação relativa a partículas elementares e em estudos destinados a lançar luz sobre os problemas complexos e possivelmente relacionados com a estrutura nuclear, as forças nucleares e a interação forte e fraca, pelo que são designados por aceleradores nucleares.

As aplicações dos aceleradores de partículas estão amplamente presentes em vários domínios, como a física nuclear, a física de partículas, a física atómica, a ciência dos materiais, a física de aglomerados, a astrofísica, a radiobiologia e a terapia, a arqueologia, a indústria, a química das radiações e os domínios geológicos.

1.1 Ernest O.Lawrennce:

O físico americano Ernest O. Lawerenc ganhou o Prémio Nobel da Física de 1939 por uma ideia inovadora na conceção de aceleradores no início da década de 1930

Em vez de muitos tubos, a máquina tem apenas duas câmaras de vácuo ocas, chamadas dees, que têm a forma de Ds maiúsculos, costas com costas. Um campo magnético, produzido por um poderoso eletroíman, mantém as partículas em movimento num círculo. Cada vez que as partículas carregadas passam pelo espaço entre os dees, são aceleradas. À medida que as partículas ganham energia, espiralam em direção à extremidade do acelerador até ganharem energia suficiente para saírem do acelerador

1.2 Sir John Cockcroft:

Sir John Douglas Cockcroft OM KCB CBE FRS (27 de maio de 1897-18 de setembro de 1967) foi um físico britânico que partilhou com Ernest Walton o Prémio Nobel da Física pela divisão do núcleo atómico e que foi fundamental para o desenvolvimento da energia nuclear. Foi o primeiro mestre do Churchill College e está sepultado na paróquia da Ascensão, em Cambridge, juntamente com a sua mulher Elizabeth e o seu filho John, conhecido como Timothy, que morreu aos dois anos de idade em 1929.

Cockcroft nasceu em Todmodern, Inglaterra, filho mais velho de um proprietário de moinho. Foi educado na Todmodern Secondary School (1909-1914) (onde o seu professor de física, Luke Sutcliffe, seria mais tarde tutor de outro futuro vencedor do Prémio Nobel, Geoffrey Wilkinson) e estudou matemática na Victoria University of Manchester (1914-1915).Após o fim da guerra, estudou engenharia eletrotécnica no Manchester College of Technology, de 1919 a 1920. Cockroft licenciou-se em matemática no St. John's College, em Cambridge, em 1924, e começou a trabalhar em investigação com Ernest Rutherford. Em 1929, foi eleito Fellow do St.

Em 1928, começou a trabalhar na aceleração de protões com Ernest Walton. Em 1932, bombardearam o lítio com neutrões, electrões e protões de alta energia e conseguiram transmutá-lo em hélio e outros elementos químicos. Esta foi uma das primeiras experiências de mudança do núcleo atómico de um elemento para um núcleo diferente por meios artificiais.

1.3 Robert.J.Van de Graaf :

Robert Jemison Van de Graaff nasceu na mansão Jemison-Van de Graaf, em Tuscaloosa, Alabama, de ascendência holandesa[1]. Em Tuscaloosa, obteve a licenciatura e o mestrado na Universidade do Alabama, onde foi membro do Castle Club (mais tarde transformado em Capítulo Mu de Theta Tau).Depois de um ano na empresa Alabama Power, Van de Graaff estudou na Sorbonne e, em 1926, obteve um segundo bacharelato na Universidade de Oxford com uma bolsa de estudos Rhodes, concluindo o seu doutoramento em 1928.

Van de Graaff foi o criador do gerador Van de Graaff, um dispositivo que produz altas tensões. Em 1929, Van de Graaff desenvolveu o seu primeiro gerador (produzindo 80.000 volts) com a ajuda de Nicholas Burke na Universidade de Princeton e, em 1931, construiu um gerador maior, que produzia 7 milhões de volts. Tornou-se professor associado em 1934 (permanecendo até 1960). Foi galardoado com a Medalha Elliott Cresson em 1936.

Durante a Segunda Guerra Mundial, Van de Graaff foi diretor do projeto radiográfico de alta tensão. Depois da Segunda Guerra Mundial, co-fundou a High Voltage Engineering Coporation (HVEC). Durante os anos 50, desenvolveu também a tecnologia dos geradores tandem. A American Physical Society atribuiu-lhe o prémio T. Bonner (1965) pelo desenvolvimento de aceleradores electrostáticos. Van de Graaff morreu a 16 de janeiro de 1967 em Boston, Massachusetts.

1.4 Algumas fotografias relacionadas com o acelerador de partículas:

O linac do Sincrotrão Australiano utiliza ondas de rádio de uma série de cavidades RF no início do linac para acelerar o feixe de electrões em grupos até energias de 100MeV

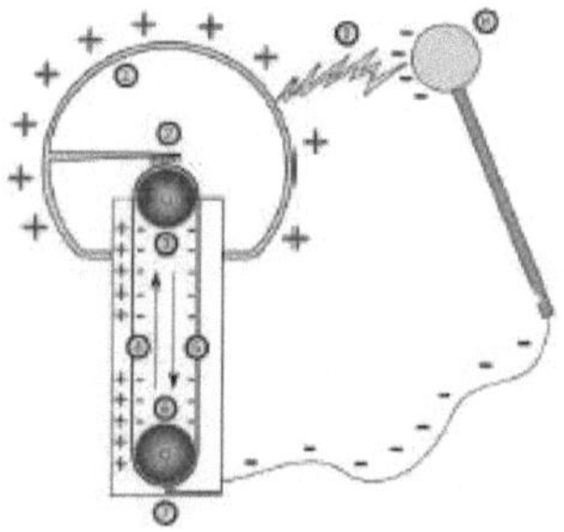

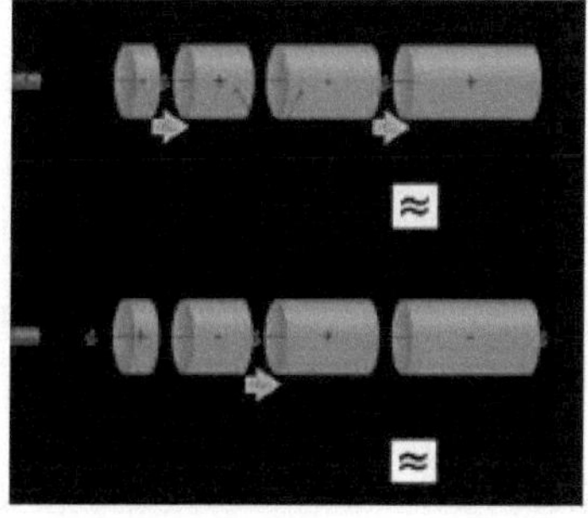

Esboço de um acelerador eletrostático
Wioderoe linear
Acelerador, aplicação
Campos oscilantes (1928)

Esboço do acelerador de Van de Graaff

História

Um acelerador de partículas é um dispositivo que utiliza campos electromagnéticos para impulsionar partículas carregadas a altas velocidades e para as conter em feixes bem definidos.

Existem duas classes básicas de aceleradores, conhecidos como aceleradores electrostáticos e aceleradores de campo oscilante. Aceleradores electrostáticos e de campo oscilante. Os aceleradores electrostáticos utilizam um campo elétrico estático para acelerar as partículas. Um exemplo em pequena escala desta classe é o tubo de raios catódicos de um aparelho de televisão antigo. Outros exemplos são o gerador de cockcrift-Walton e o gerador de van de graaff. A energia cinética alcançável pelas partículas nestes dispositivos é limitada por avarias eléctricas. Os aceleradores de campo oscilante, por outro lado, utilizam campos electromagnéticos de radiofrequência e evitam o problema da avaria. Esta classe, que foi desenvolvida pela primeira vez na década de 1920, é a base de todos os conceitos modernos de aceleradores e instalações de grande escala. Rolf-Wideroe, Gustav Ising, Leo Szilard, Donald Kerst e Ernest Lawrence são considerados os pioneiros neste domínio, concebendo e construindo os primeiros aceleradores lineares de partículas operacionais, o betatorn e o ciclotrão.

O primeiro ciclotrão de Lawerence tinha apenas 4 polegadas (100 mm) de diâmetro. Mais tarde, construiu uma máquina com uma face de pólo de 60 polegadas de diâmetro e planeou uma com 184 polegadas de diâmetro, que, no entanto, foi adquirida para trabalhos relacionados com a Segunda Guerra Mundial e que esteve ao serviço da investigação e da medicina durante muitos anos.

O primeiro grande sincrotrão de protões foi o Cosmotron do Laboratório Nacional de Brookhaven, que acelerou os protões até cerca de 3 GeV. O Bevatron de Berkeley, concluído em 1954, foi especificamente concebido para acelerar os protões até uma energia suficiente para criar antiprotões e verificar a simetria partícula-antipartícula da natureza, então apenas fortemente suspeitada.O Sincroton de gradiente alternado (AGS) em Brookhaven foi o primeiro grande sincrotrão com gradiente alternado, ímanes de "forte focalização", o que reduziu grandemente a abertura necessária do feixe e, correspondentemente, o custo dos ímanes de flexão. O Sincroton de protões, construído no CERN, foi o primeiro grande acelerador de partículas europeu e, em geral, semelhante ao AGS

O Acelerador Linear de Stanford, SLAC, entrou em funcionamento em 1966, acelerando electrões até 30 GeV num guia de ondas com 3 km de comprimento, enterrado num túnel e alimentado por centenas de grandes Klystrons. Continua a ser o maior acelerador linear existente e foi atualizado com a adição de anéis de armazenamento e uma instalação de colisão de posição de electrões. é também uma fonte de fotões sincrotrão de raios X e UV.

O Tevatron do Fermilab tem um anel com um percurso de feixe de 6,4 km. Recebeu várias actualizações e funcionou como colisor protão-antiprotão até ser encerrado devido a cortes orçamentais a 30 de setembro de 2011.

O LHC é um colisor de protões e é atualmente o maior acelerador do mundo e o de mais alta energia, prevendo-se que atinja uma energia de 7 TeV por feixe, mas funcionando atualmente a metade desse valor.

O supercolisor supercondutor (SSC) abortado no Texas teria tido uma circunferência de 87 km. A construção foi iniciada em 1991, mas abandonada em 1993. Os grandes aceleradores circulares são invariavelmente construídos em túneis subterrâneos com alguns metros de largura para minimizar a perturbação e o custo da construção de uma estrutura deste tipo à superfície e para proporcionar uma proteção contra as radiações secundárias intensas que ocorrem, que são extremamente penetrantes a altas energias.

Os aceleradores actuais, como a fonte de neutrões de espalação, incorporam criomódulos supercondutores. O colisor de iões pesados relativista e o grande colisor de hadrões utilizam também ímanes supercondutores e um ressonador de cavidades RF para acelerar partículas.

3. DIFERENTES TIPOS DE ACELERADORES DE PARTÍCULAS

3.1 Aceleradores lineares de partículas:

Supercondutor moderno, componente de aceleração linear multicelular

Um acelerador de linha é um dispositivo que acelera partículas carregadas em linha reta por meio de um campo elétrico oscilante que fornece uma série de passos de aceleração constantes e em fase correta numa série de intervalos entre eléctrodos ou acompanha as partículas carregadas como uma onda viajante.

3.2 PRINCÍPIO DOS ACELERADORES LINEARES:

Para o estudo das reacções nucleares, são necessárias partículas carregadas com energias de muitos milhões de ekectron-volts. É difícil gerar tensões diretas da ordem dos dez milhões de volts, principalmente devido a dificuldades de isolamento. Para obter uma aceleração linear das partículas carregadas superior a 10 Mev, utilizam-se métodos indirectos, nomeadamente o acelerador linear. Num acelerador linear, um potencial de aceleração moderado é aplicado várias vezes de modo a que três partículas carregadas sejam aceleradas ao longo de uma linha reta.

3.3 CONSTRUÇÃO E FUNCIONAMENTO:

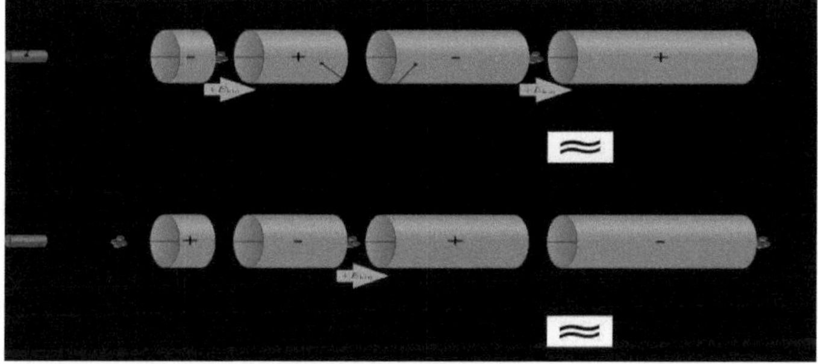

Um acelerador linear é constituído pelos seguintes elementos:

-A fonte de partículas. A conceção da fonte depende das partículas que estão a ser movidas. Os electrões são gerados por um cátodo frio, um cátodo quente, um fotocátodo ou fontes de iões de radiofrequência (RF). Os protões são gerados por uma fonte de iões, que pode ter muitas concepções diferentes. Se se pretender acelerar partículas mais pesadas (por exemplo, iões de urânio), é necessária uma fonte de iões especializada.

- Uma fonte de alta tensão para a injeção inicial de partículas.

- Se o dispositivo for utilizado para a produção de raios X para inspeção de assíncroton, pode ter cerca de dez metros de comprimento; se o dispositivo for utilizado para injeção de assíncroton, pode acelerar a investigação de partículas nucleares, pode ter vários milhares de metros de comprimento.

- No interior da câmara, são colocados eléctrodos cilíndricos isolados eletricamente, cujo comprimento varia com a distância ao longo do tubo. O comprimento de cada elétrodo é determinado pela frequência e potência da fonte de energia motriz e pela natureza da partícula a acelerar, com segmentos mais curtos perto da fonte e segmentos mais longos perto do alvo.A massa das partículas tem um grande efeito sobre o comprimento dos eléctrodos cilíndricos; por exemplo, um eletrão é consideravelmente mais leve do que um protão e, por isso, requer geralmente uma secção muito mais pequena de eléctrodos cilíndricos, uma vez que acelera muito rapidamente.

- Uma ou mais fontes de energia de radiofrequência, utilizadas para energizar os eléctrodos cilíndricos. Um acelerador de potência muito elevada utilizará uma fonte para cada elétrodo. A fonte deve funcionar com uma potência, frequência e fase precisas, adequadas ao tipo de partícula a acelerar, para obter a potência máxima do dispositivo.

Os ímanes quadripolares que rodeiam o linac do sincrotrão australiano são utilizados para ajudar a centrar o feixe de electrões num alvo apropriado. Se os electrões forem acelerados para produzir raios X, é utilizado um alvo de tungsténio arrefecido a água. Quando os protões ou outros núcleos são acelerados, são utilizados vários materiais-alvo, dependendo da investigação específica. Para a investigação da colisão de partículas com partículas, o feixe pode ser dirigido para um par de anéis de armazenagem, sendo as partículas mantidas no interior do anel por campos magnéticos. Os feixes podem então ser extraídos dos anéis de armazenamento para criar colisões de partículas de cabeça para baixo.

À medida que o grupo de partículas passa através do tubo, não é afetado (o tubo actua como uma gaiola de Faradys), enquanto a frequência do sinal de condução e o espaçamento dos intervalos entre os eléctrodos são concebidos

A velocidade de aceleração é próxima da velocidade da luz. Isto acelera perto da velocidade da luz, a velocidade incremental a partir de aumentos será pequena, com a energia a aparecer como um aumento na massa das partículas. Nas partes do acelerador onde isto ocorre, os comprimentos dos eléctrodos tabulares serão quase constantes.

- Podem ser incluídos elementos adicionais de lentes magnéticas ou electrostáticas para garantir que os feixes permaneçam no centro do tubo e dos seus eléctrodos.

- Os aceleradores muito longos podem manter um alinhamento exato dos seus componentes através da utilização de sistemas servo guiados por um feixe laser.

3.4 TIPOS DE ACELERADORES LINEARES:

3.41 Acelerador de tubos de deriva (LINAC):

O protótipo do moderno acelerador de protões, conhecido como LINAC, foi desenvolvido por L. Alvarez no Laboratório de Radiação da Universidade da Califórnia, em Berkeley. O feixe de protões com uma energia de 32 MeV foi obtido em 1948.O tubo actua como um ressonador de cavidade para uma onda de radiofrequência de 2,025X10Hz, muito semelhante ao tubo de ressonância no som, exceto que é sintonizado pela variação do comprimento em vez da variação do comprimento. Esta cavidade é suportada dentro de um grande tanque de vácuo de aço. Protões de energia 4 MeV obtidos de um gerador Van de Graaff são injectados ao longo do eixo do tubo de cobre.Uma vez que o ião leva muitos períodos do campo rf para viajar de uma cavidade para a outra, é necessário um dispositivo para o proteger do campo enquanto a direção do campo é tal que desacelera em vez de acelerar, o que é feito através da introdução de uma série de tubos ao longo do eixo através do qual o feixe passa.Tal como nos modelos anteriores do acelerador linear, o comprimento do tubo é cortado de modo a que os iões demorem exatamente um período completo a passar de um tubo para o outro. Os iões que têm a fase correta são acelerados entre os dois tubos consecutivos.

3.42 Acelerador de guia de ondas:

Um acelerador de guia de ondas utiliza radiações electromagnéticas (ondas) que viajam num guia de ondas para acelerar partículas carregadas.

Se a onda electromagnética for alimentada numa extremidade da guia de ondas e as ondas reflectidas se sobrepuserem para formar uma onda estacionária, mas se a onda for completamente absorvida na outra extremidade, o resultado é uma onda viajante.

Para acelerar as partículas carregadas,a velocidade da onda electromagnética é sincronizada com a da partícula.A partícula,portanto,ganha energia a partir da componente do campo elétrico da onda electromagnética,mas a componente do campo magnético permanece ineficaz,estando perpendicular à trajetória da partícula.

O sinal R.F. é obtido a partir de um oscilador mestre padrão e é amplificado em cada estação de alimentação utilizando um amplificador Klystron.

Num acelerador (linac), as partículas são aceleradas em linha reta com um alvo de interesse numa das extremidades.São frequentemente utilizados para dar um impulso inicial de baixa energia às partículas antes de serem injetadas em aceleradores circulares.O linac mais longo do mundo é o Standarford Linear Accelerator,SLAC, que tem 3 km de comprimento.O SLAC é um colisor de posição eletrónica.

Os aceleradores lineares de alta energia utilizam um conjunto linear de placas (ou tubos de deriva) às quais é aplicado um campo alternado de alta energia. À medida que as partículas se aproximam de uma placa, passam através de um orifício na placa, a carga de polaridade aplicada à placa, são aceleradas na sua direção por uma carga de polaridade oposta aplicada à placa.

Normalmente, um fluxo de "cachos" de partículas é acelerado, pelo que se aplica cuidadosamente uma tensão CA a cada placa para repetir continuamente este processo para cada cacho.

À medida que as partículas se aproximam da velocidade da luz, a taxa de comutação dos campos eléctricos torna-se tão elevada que funcionam a frequências de rádio e as cavidades de micro-ondas são utilizadas em máquinas de energia mais elevada em vez de placas simples.

Os aceleradores lineares são também amplamente utilizados em medicina, para radioterapia e radiocirurgia. Os LINACs de grau médico aceleram electrões utilizando um klystron e uma complexa disposição magnética de flexão que produz um feixe de 6 a 30 milhões de electrões-volt (MeV) de energia. Os electrões podem ser utilizados diretamente ou podem ser colididos com um alvo para produzir um feixe de raios X. A realiabillty, a flexibilidade e a precisão do feixe de radiação produzido suplantaram largamente a utilização mais antiga da terapia com Cobalto-60 como ferramenta de tratamento.

3.43 Aceleradores circulares:

Um acelerador circular é um dispositivo que pode acelerar partículas carregadas, colocando-as novamente num campo elétrico de radiofrequência ao longo de um caminho fechado. Existem dois tipos, nomeadamente, o Cycltron que acelera protões, deuterões e partículas alfa e o Betatron que acelera electrões.

3.44 Cylotron:

As partículas alfa e beta libertadas pelas substâncias radioactivas naturais não possuem velocidades suficientemente grandes nem as suas velocidades estão sob controlo, pelo que se considerou necessário acelerar as partículas carregadas a velocidades muito elevadas através da aplicação de campos eléctricos e magnéticos. Cockcroft e Walton produziram protões em movimento rápido através de um dispositivo eletrónico de multiplicação de tensão.

Princípio:

O ciclotron é um acelerador de iões positivos do tipo ressonância magnética. A partícula carregada a ser acelerada passa rapidamente através de um campo elétrico alternado ao longo de uma trajetória fechada, sendo a sua energia aumentada de cada vez. Um forte campo magnético é utilizado para controlar o movimento das partículas e para as fazer regressar periodicamente à região do campo elétrico acelerado.

Construção:

O ciclotrão é constituído por dois segmentos metálicos ocos "em forma de D", D1 e D2, dispostos num plano horizontal com um pequeno intervalo a separá-los. Um campo magnético NS é aplicado perpendicularmente ao papel e D1 e D2 estão ligados a uma corrente alternada de alta tensão e alta frequência.

3.45 Teoria e funcionamento:

Se um ião positivo for gerado num ponto B, no intervalo, num momento em que D1 está a um potencial positivo e D2 a um potencial negativo, será acelerado através do intervalo até D2 e entrará no segmento oco D2 com velocidade.

Quando a partícula se encontra no interior do condutor, não sofre a ação do campo elétrico, mas sob a influência do campo magnético aplicado com uma densidade de fluxo B, percorre uma trajetória circular cujo raio r é dado por e emerge finalmente em C na direção indicada. O tempo que o ião positivo demora a percorrer a trajetória semicircular

Se a frequência da tensão aplicada for ajustada de forma a inverter-se logo que a partícula saia de D2, a partícula em C será acelerada através da fenda para D1 e descreverá uma nova trajetória circular em D1.O raio deste semicírculo, bem como a velocidade da partícula, serão agora maiores do que no primeiro caso, mas, como se provou acima, o tempo que a partícula demora a percorrer a trajetória semicircular em D1 será o mesmo. De cada vez que a partícula sai do Dees, o sentido da tensão é invertido e a partícula é acelerada através do intervalo.

3.46 Limitação do ciclotrão:

A energia a que uma partícula pode ser acelerada num ciclotrão é limitada devido à alteração da massa com a velocidade.A massa de uma partícula,quando se desloca com uma velocidade v,é dada por Onde m0 é a massa de repouso e c a velocidade da luz.Como já se provou,o tempo que uma partícula demora a percorrer a trajetória semicircular é mπ

Be = T/2

Por conseguinte, a frequência de rotação da partícula carregada diminui à medida que a velocidade aumenta, o que faz com que demore mais tempo a completar a sua trajetória semicircular, continuando a seguir a diferença de potencial alternada aplicada até chegar a uma fase em que já não pode ser acelerada.

1) Variação do campo: A frequência do ião pode ser mantida

constante, tomando $\sqrt{1 - }$

$v\,2c\,2$ uma constante. Para este efeito, o valor do campo magnético B deve aumentar à medida que a velocidade do ião aumenta, de modo a que o produto permaneça inalterado.

2) Modulação de frequência: No método alternativo, a frequência do C.A. aplicado é variada de modo a que seja sempre igual à frequência de rotação do ião. O campo da máquina é variado, o que se designa por sincrotrão, enquanto que uma máquina em que o campo magnético é constante e a frequência do campo elétrico aplicado é variada é conhecida por frequência de ciclotrão ou sincrociclotrão.

3.47 Betatron:

Uma vez que as partículas beta são electrões que se movem rapidamente, o acelerador é conhecido como Betatron, que fornece electrões muito mais energéticos do que as partículas beta emitidas por nuclídeos radioactivos naturais.Os ciclotrões e os sincrociclotrões não podem ser utilizados para produzir feixes de electrões de alta energia devido ao aumento de massa dos electrões a energias bastante baixas, por exemplo, um aumento de 10% da massa de repouso do eletrão a uma energia de apenas 50 KeV.

Princípio:

O princípio subjacente ao funcionamento do betatrão é o seguinte: "Para que o eletrão seja acelerado numa órbita circular de raio constante, o campo magnético deve ser não uniforme, de tal modo que, em qualquer instante, o campo magnético na periferia da órbita seja apenas metade do campo magnético médio através da órbita".

Construção e funcionamento:

A construção do betatrão é a seguinte: os electrões são acelerados num DD altamente evacuado chamado

Este tubo é feito de vidro nos betatrões pequenos e de cerâmica nos betatrões grandes e é colocado entre os pólos de um eletroíman com uma forma especial, energizado pela passagem de uma corrente alternada de 50 ciclos através de um par de bobinas p1p1 e p2p2.

Os electrões são assim acelerados durante um tempo de 1/200 segundos em intervalos de 1/50 segundos.

Para introduzir os electrões na órbita estável, utiliza-se um canhão de electrões, constituído por um filamento que emite electrões termónicos, uma grelha de focalização e uma placa positiva.Os electrões injectados numa placa próxima da posição de órbita estável serão acelerados pelo campo magnético e executarão um movimento oscilatório amortecido no início, mas acabarão por se fixar na órbita durante 1/200 segundos.Os electrões devem ser ejectados do betatrão quando o campo magnético atinge o seu valor máximo, caso contrário os electrões abrandam à medida que o fluxo magnético diminui e, finalmente, invertem a direção.O feixe de electrões de alta energia pode atingir um alvo, no interior do tubo, produzindo assim um feixe de raios X intenso, ou o feixe de electrões pode ser removido através de uma janela. A energia dos raios gama obtidos num betatrão é muito superior à dos raios gama naturais, sendo da ordem dos 300MeV. Estes raios gama são utilizados para a investigação em física nuclear, para a terapia de raios X profundos e para o exame de amostras metalúrgicas.

3,48 SINCRONIZADORES:

Existem principalmente três tipos de sincrotrão, que são

Tipos de sincrotrão:

- Sincrotrão de electrões:

O sincrotrão elétrico é o funcionamento combinado do betatrão e do ciclotrão, no qual os electrões são primeiro acelerados pela ação do betatrão até cerca de 2 MeV.

- Sincrotrão de protões:

É a ação do funcionamento combinado do betatrão e do ciclotrão em que os protões mais pesados são acelerados até uma energia de cerca de 1000 MeV

- Sincro-ciclotrão:

É a forma modificada do ciclotrão, em que a frequência do campo elétrico alternado aplicado é gradualmente aumentada de tal forma que o ião se atrasa um pouco, devido ao aumento da massa por aumento da velocidade, pelo que entra sempre no "dee" no momento certo em que pode experimentar a aceleração da massa.

Segmento de um sincrotrão de electrões

Esboço do sincrotrão

Construção e funcionamento do sincrotrão:

O sincrotrão é o membro mais recente e mais poderoso da família dos aceleradores. As partículas entram no tubo depois de já terem sido aceleradas a vários milhões de electrões-volt. As partículas são aceleradas num ou mais pontos do anel de cada vez que fazem uma volta completa em torno do acelerador. Para manter as partículas em órbita rígida, a força dos ímanes no anel aumenta à medida que as partículas ganham energia.Em poucos segundos, as partículas atingem energias superiores a 1 GeV e são ejectadas, quer diretamente para a experiência, quer para alvos que produzem uma variedade de partículas elementares quando atingidos pelas partículas aceleradas. O princípio do sincrotrão pode ser aplicado a protões ou electrões, embora a maior parte das grandes máquinas sejam sincrotrões-protrões.

Para atingir energias ainda mais elevadas, com massa relativística que se aproxima ou excede a massa de repouso das partículas (para os protões, milhares de milhões de electrões-volt ou GeV), é necessário utilizar um sincrotrão, um acelerador em que as partículas são aceleradas num anel de raio constante.Uma vantagem imediata sobre os ciclotrões é que o campo magnético só precisa de estar presente na região das órbitas das partículas, que é muito mais estreita do que o diâmetro do anel (o maior ciclotrão construído nos EUA tinha um pólo magnético de 4,7 m de diâmetro, ao passo que o diâmetro do LEP e do LHS é de cerca de 10 km).

No entanto, uma vez que o momento da partícula aumenta durante a aceleração, é necessário afinar o campo magnético B proporcionalmente para manter constante a curvatura da órbita. Em consequência, os sincrotrões não podem acelerar as partículas continuamente, como o ciclotrão, mas têm de funcionar ciclicamente, fornecendo partículas em cachos, que são entregues a um alvo ou a um feixe externo "splits", tipicamente de poucos em poucos segundos.

Uma vez que os sincrotrões de alta energia realizam a maior parte do seu trabalho em partículas que já se deslocam a uma velocidade próxima da velocidade da luz c, o tempo para completar uma órbita do anel é quase constante, tal como a frequência do ressonador de cavidade RF utilizado para conduzir a aceleração.

Note-se também um outro aspeto sobre os sincrotrões modernos: como a abertura do feixe é pequena e o campo magnético não cobre toda a área da órbita da partícula, como acontece num ciclotrão, várias funções necessárias podem ser separadas. Em vez de um íman enorme, tem-se uma linha de centenas de ímanes de flexão, envolvendo (ou rodeados por) tubos de ligação a vácuo.A focalização do feixe é feita de forma independente por redes especializadas de quardupolos, enquanto a aceleração propriamente dita é realizada em secções de RF separadas, à semelhança dos aceleradores lineares curtos. Além disso, não é necessário que as máquinas cíclicas circulem, mas sim que o tubo do feixe possa ter secções rectas entre os ímanes, onde os feixes podem colidir, ser arrefecidos, etc. Isto transformou-se numa disciplina completamente distinta, chamada "física do feixe" ou "ótica do feixe".

Os sincrotrões modernos mais complexos, como o Tevatron, o LEP e o LHC, podem entregar os feixes de partículas em anéis de armazenamento de ímanes com B constante, onde podem continuar a orbitar durante longos períodos para experiências ou aceleração posterior.As máquinas de mais alta energia, como o Tevatron e o LHC, são na realidade complexos de aceleradores, com uma cascata de elementos especializados em série, incluindo aceleradores lineares para a criação inicial do feixe, um ou mais sincrotrões de baixa energia para atingir uma energia intermédia, anéis de armazenamento onde os feixes podem ser acumulados ou "arrefecidos" (reduzindo a abertura magnética necessária e permitindo uma focalização mais apertada; ver arrefecimento do feixe) e o último grande anel para a aceleração final e a experiência.

Foto aérea do Tevatron no Fermilab, que se assemelha a um oito. O acelerador principal é o anel de cima; o de baixo (com cerca de metade do diâmetro, apesar das aparências) é para aceleração preliminar, arrefecimento e armazenamento do feixe, etc.

4.1 APLICAÇÕES DOS ACELERADORES DE PARTÍCULAS

- REASEARCH:

Desde o início do século passado, os aceleradores começaram a desempenhar um papel fundamental como ferramentas poderosas para descobrir o mundo que nos rodeia, como o universo evoluiu desde o Big Bang e para desenvolver instrumentos fundamentais para a vida quotidiana.

Estão em funcionamento em todo o mundo 15 000 aceleradores, dos quais apenas um número muito reduzido se dedica à investigação fundamental. É apresentada uma panorâmica da situação atual dos aceleradores de física de altas energias (HEP) e das suas perspectivas.

Os aceleradores de investigação são amplamente utilizados em muitos domínios da física fundamental, desde as partículas elementares que circulam no acelerador até à radiação dos sincrotrões, que permite "ver" as estruturas das moléculas, dos átomos e dos núcleos.

- MÉDICO:

De qualquer modo, a maior parte dos aceleradores foram dedicados principalmente à medicina, ao diagnóstico e à radioterapia e, atualmente, também à conservação de alimentos, à esterilização, bem como à análise de elementos e à arqueologia, abrindo um cenário impressionante de aplicações na vida quotidiana.

- Todos os tratamentos contra o cancro enfrentam o mesmo desafio: destruir os tumores cancerígenos e, ao mesmo tempo, causar o menor dano possível ao resto do corpo do doente.

- Muitos cancros são tratados com radioterapia, que consiste em rebentar o tumor com radiação de raios X. Isto é mau para o tumor, mas também para os órgãos e tecidos próximos

- A exposição de células saudáveis aos raios X provoca uma série de efeitos secundários, desde reacções cutâneas a problemas digestivos. Paradoxalmente, também aumenta as hipóteses de os doentes voltarem a desenvolver cancro mais tarde.

- Ao contrário dos raios X, as partículas carregadas depositam toda a sua energia destruidora de células a uma profundidade pré-definida, o que significa que o tumor pode ser atingido de forma muito mais precisa.

Imagem histórica que mostra Gordon Issacs, o primeiro doente tratado para retinoblastoma com radioterapia por acelerador linear (neste caso, um feixe de electrões), em 1957, nos EUA. Outros doentes tinham sido tratados por linac para outras doenças desde 1953.

4.2 ACELERADORES DE FÍSICA DE ALTAS ENERGIAS :

A primeira tipologia de aceleradores introduzida é tipicamente designada por aceleradores de "colisão" ou aceleradores de física de alta energia (HEP). Estes desempenham um papel importante não só como uma ferramenta importante para a descoberta, mas também porque podem ser considerados como uma "Fórmula 1" dos aceleradores, onde se realiza efetivamente a maior parte da investigação e desenvolvimento de novas tecnologias.

Atualmente, podemos descrever o universo que nos rodeia com o chamado "modelo padrão". Uma teoria poderosa e muito precisa, desenvolvida durante o século XX, que descreve a interação entre os componentes fundamentais da matéria descobertos até agora: quarks e leptões. Os principais instrumentos para compreender esta estrutura fina da natureza têm sido os aceleradores e os detectores HEP, uma espécie de microscópio muito preciso capaz de "ver" os constituintes profundos dos núcleos.

Este tipo de investigação é atualmente muito dispendioso e é realizado em poucos locais em todo o mundo: LHC-CE (Suíça), DAFINA (Itália), VEPP (Rússia), BEPCII (China), KEKB (Japão), TEVATRON e RHIC (EUA).

Até à década de 50, as experiências com aceleradores foram realizadas segundo o mesmo esquema utilizado por Rutherford no seu estudo pioneiro sobre a composição dos núcleos: sondas, compostas, se possível, por partículas elementares, colidem com um alvo constituído por núcleos complexos. As sondas, inicialmente geradas por fontes radioactivas naturais, foram substituídas por aceleradores electrostáticos e, depois de 1930, por aceleradores síncrotron e lineares (LINAC). Este método de investigação limitava fortemente o número de acontecimentos interessantes a estudar e a sua clareza, devido à complexidade do alvo.

Em 1960, Tousheck, um físico que trabalhava no laboratório Nazionali di Frascati (Itália), desenvolveu e testou o primeiro acumulador de partículas, o AdA e o colisor anti-matéria. A experiência no alvo foi rapidamente substituída por aceleradores de léptons (colisores) e os seus "detectores tipo cebola", onde o "alvo" circulava em direção oposta.

4.3 FÁBRICAS E ACELERADOR DE FRONTEIRA:

Os parâmetros fundamentais dos aceleradores podem ser resumidos da seguinte forma:

3 Energia (momento)e propagação de energia

4 Estrutura de temporização (feixe contínuo, feixe aglomerado, feixe micrométrico)

5 Intensidade do feixe (normalmente ligado à estrutura de temporização)

6 Perturbação espacial transversal

Estes "ingredientes" não são independentes uns dos outros e o esforço dos físicos dos aceleradores consiste em jogar com os vários parâmetros de modo a maximizar essencialmente duas grandezas: em primeiro lugar, tentam aumentar a energia disponível para a colisão, de modo a descobrir novas partículas e o seu comportamento; as máquinas envolvidas neste tipo de investigação são chamadas aceleradores de fronteira; em segundo lugar, tentam aumentar o número de eventos a estudar, com o objetivo de compreender profundamente os fenómenos conhecidos e descobrir se existe alguma violação esperada ou inesperada da teoria postulada; estes aceleradores são chamados fábricas de partículas.

Fundição de aço submetida a radiografia utilizando o acelerador linear na Goodwin Steel Casting Ltd

4.4 AS FÁBRICAS DE COLISORES DE LÉPTON:

Em primeiro lugar, as partículas colidem no centro de massa, de modo que os dois feixes que circulam podem ser compostos de matéria e antimatéria (por exemplo, electrões e positrões), de modo que as partículas que colidem se aniquilam num estado energético que, pouco depois, decai em qualquer tipo de novas partículas possíveis, de acordo com a conhecida equação de Einstien E=mc2, em que E é a energia disponível no centro de massa, c a velocidade da luz e m a massa das novas partículas criadas.Em terceiro lugar, alvo, num colisor de léptons, pode ser desprovido de estrutura e, consequentemente, os acontecimentos produzidos seriam muito limpos em relação aos produzidos com uma "sonda no alvo", sendo o alvo geralmente muito complexo.

4.5 ENERGIA NUCLEAR LEVE:

- No entanto, os reactores subcríticos acionados por aceleradores (ou ADSR, abreviadamente) têm potencial para produzir energia nuclear sem preocupações.

- Em vez de urânio, um reator ADRS é alimentado por tório, um metal que se comporta de forma semelhante ao urânio em alguns aspectos, mas com algumas diferenças fundamentais.

- No interior de um reator nuclear tradicional, cada reação de fissão divide um átomo de urânio, libertando quatro neutrões, que desencadeiam outras quatro reacções, e assim por diante.

- As reacções em cadeia libertam uma enorme quantidade de energia, o que é ótimo para produzir energia.

- Em comparação com a energia nuclear convencional, a ADSR produziria uma menor quantidade de resíduos menos radioactivos e poderia mesmo ser utilizada para transformar os resíduos nucleares existentes em formas menos perigosas.

☐ Por último, não há qualquer perigo de a energia nuclear ADSR contribuir para a proliferação de armas nucleares. Os resíduos das centrais nucleares existentes podem ser reprocessados para a construção de armas, o que significa que a energia nuclear e a proliferação de armas nucleares são questões inseparáveis. O tório, por outro lado, não tem qualquer utilidade para os fabricantes de armas.

☐ CHOCOLATE:

- Este tipo de investigação é efectuado em fontes de radiação de sincrotrão (como a fonte de luz de diamante ou o ESRF) que utilizam um feixe intenso de luz de raios X para sondar a estrutura das amostras.

- Em 1998, a marca de chocolates Cadbury's utilizou radiação síncrotron para examinar mais de perto a estrutura do seu chocolate. Acontece que uma delas produz um chocolate muito mais suave.

5.1 DESENVOLVIMENTO RECENTE DOS ACELERADORES DE PARTÍCULAS

O futuro do colisor está atualmente limitado pela nossa capacidade tecnológica de fornecer eficientemente a energia perdida pelas partículas carregadas devido à emissão de luz sincrotrónica em trajetória curva. Por outro lado, a HEP precisa de recuperar os "acontecimentos limpos" produzidos pelos aceleradores de léptons, que até aos anos 90 proporcionaram muitas descobertas importantes e bem sucedidas.

O futuro dos aceleradores na investigação HEP força essencialmente duas formas de proceder: aceleradores lineares de electrões-pósitrões e colisores de leptões de elevada massa (como os colisores). Perto destes, existem soluções híbridas como os colisores de leptões e hadrões e as fábricas de neutrinos.

O desafio dos colisores lineares consiste em obter colisões e luminosidade de muito alta energia com aceleradores que possam ser alojados à escala típica dos laboratórios HEP. Atualmente, existem dois projectos principais: o colisor linear internacional (ILC) com uma energia de 500GeV no centro de massa e um comprimento previsto de 31 km e o colisor linear compacto (CLIC) com a mesma energia e um comprimento de 13 km (com a possibilidade de passar para 3 TeV em 41 km). A luminosidade prevista é da ordem de 2*1034 cm-2 s-1

A LIC baseia-se no aperfeiçoamento da tecnologia convencional de cavidades supercondutoras de radiofrequência (capazes de produzir um gradiente máximo da ordem dos 50 MV/m) e, à semelhança da CLIC, as principais questões são: manter a emitância dos feixes em valores muito baixos, desde a fonte até ao IR (limitando os efeitos negativos devidos principalmente à dispersão intra-feixe) e assegurar uma elevada estabilidade de alinhamento, fortemente necessária para manter em colisão feixes com dimensões transversais à escala nanométrica ou mesmo inferiores.

O CLIC baseia-se em esquemas de aceleração de dois feixes: um feixe auxiliar de alta corrente é descarregado numa estrutura de cavidade de radiofrequência capaz de gerar um gradiente de aceleração de cerca de ~100 -150 MV/m que, por sua vez, é utilizado para acelerar o feixe principal. Esta tecnologia, que está a ser testada na instalação CTF3 do CERN, é não só muito promissora para reduzir o comprimento dos aceleradores, mas também porque parece ser a única forma de obter colisões de energia de cem TeV, um passo necessário para a investigação da física para além do modelo padrão (teoria super-simétrica).

Muitos colisores de electrões e hadrões estão a ser projectados em todo o mundo: nos EUA com o eRHIC no Brookhaven National Laboratory, o ELIC no Jefferson Laboratory e na Europa com o LHEC, possível modernização no CERN do ENC no GSI, Alemanha. Estes aceleradores permitirão investigar a estrutura complexa dos núcleos, com uma sonda pontual, facilmente sintonizável em termos de energia e intensidade, medindo cuidadosamente os parâmetros da dinâmica cromossómica quântica (QCD).

A última aplicação principal dos aceleradores HEP provém das fábricas de neutrinos e dos colisores de muões. Os neutrinos são léptons de massa muito baixa e sem carga, e a sua interação é muito pouco feliz. Sentem apenas a força fraca, pelo que o seu estudo constitui praticamente a única ferramenta para compreender a interação dos leptões. Os neutrinos, na gama de energias de 10 a 20 GeV, podem ser produzidos fazendo incidir protões de alta energia sobre um alvo, da mesma forma que se faz no CERN e no KEK, e sucessivamente podem ser estudados em detectores subterrâneos especiais como o OPERA no Laboratório de Gran Sasso (Itália) e o SUPERKAMIOKANDE em Kamioka (Japão).

Os aceleradores de muões podem ser considerados como colisores de "electrões pesados", em que a massa é ~200 vezes superior à do eletrão, reduzindo 109 vezes a energia perdida devido à radiação sincrotrão e possibilitando assim as colisões de leptões na região dos TeV. Por outro lado, o decaimento do muão em neutrinos (e electrões) pode ser utilizado como fonte para experiências de muito alta energia e fluxo, ultrapassando os limites actuais. As instalações de ensaio estão a funcionar para provar os princípios de funcionamento. As fábricas de neutrinos e os colisores de muões necessitam de financiamento, pelo que só um esforço internacional comum pode garantir o seu bom funcionamento.

5.2 ENERGIAS SUPERIORES:

Atualmente, os aceleradores de mais alta energia são todos colisores circulares, mas é provável que tenham sido atingidos os limites no que diz respeito à compensação das perdas de radiação sincrotrão para os aceleradores de electrões, e a próxima geração será provavelmente de aceleradores lineares com um comprimento 10 vezes superior ao atual. Um exemplo dessa próxima geração de aceleradores de electrões é o Colisor Linear Internacional, com 40 km de comprimento, que deverá ser construído entre 2015 e 2020.

A partir de 2005, acredita-se que a aceleração por plasma de campo de esteira, na forma de "pós-combustores" de feixes de electrões e de pulsadores laser autónomos, proporcionará um aumento dramático da eficiência do dentro de duas a três décadas. Nos aceleradores de plasma wakefield, a cavidade do feixe é preenchida com plasma (em vez de vácuo). Um curto impulso de electrões ou de luz laser constitui ou segue imediatamente as partículas que estão a ser aceleradas. O impulso perturba o plasma, fazendo com que as partículas carregadas no plasma se transformem em e

movem-se para a retaguarda do grupo de partículas que está a ser acelerado. Este processo transfere energia para o grupo de partículas, acelerando-o futuramente, e continua enquanto o impulso for coerente. Gradientes de energia de até 200 GeV/m foram obtidos em distâncias milimétricas utilizando pulsadores laser e gradientes próximos de 1GeV/m estão a ser produzidos à escala de vários centímetros com sistemas de feixes de electrões, em contraste com um limite de cerca de 0,1 GeV/m apenas para a aceleração por radiofrequência. Os aceleradores de electrões existentes, como o SLAC, poderiam utilizar pós-combustores de feixes de electrões para aumentar grandemente a energia dos seus feixes de partículas, à custa da intensidade do feixe: Os sistemas de electrões em geral podem fornecer feixes altamente colimados e fiáveis; os sistemas laser podem oferecer mais potência e compacidade. Assim, os aceleradores de wakefield de plasma poderão ser utilizados - se as questões técnicas puderem ser resolvidas - para aumentar a energia máxima dos maiores aceleradores e para trazer energias elevadas para os laboratórios universitários e centros médicos.

5.3 Produção de buracos negros e preocupações com a segurança pública:

No futuro, poderá surgir a possibilidade de produção de buracos negros nos aceleradores de mais alta energia, se certas previsões da teoria das supercordas forem exactas. Esta e outras possibilidades exóticas suscitaram preocupações de segurança pública que foram amplamente divulgadas em relação ao LHC, que começou a funcionar em 2008. Os vários cenários de perigo possíveis foram considerados como "sem perigo concebível" na última avaliação de risco efectuada pelo Grupo de Avaliação da Segurança do LHC. Se forem produzidos, prevê-se teoricamente que estes pequenos buracos negros se evaporem muito rapidamente através da radiação de Bekenstein - hawking, o que ainda não está confirmado experimentalmente. Se os colisores podem produzir buracos negros, os raios cósmicos (e particularmente os raios cósmicos de ultra-alta energia, UHECRs) devem estar a produzi-los há éons, mas ainda não nos prejudicaram. Tem-se argumentado que, para conservar a energia e o momento, quaisquer buracos negros criados numa colisão entre um UHECR e a matéria local seriam necessariamente produzidos a uma velocidade relativista em relação à Terra e deveriam escapar para o espaço, uma vez que a sua taxa de aclomeração e crescimento deveria ser muito lenta, enquanto que os buracos negros produzidos em colisores (com componentes de igual massa) teriam alguma hipótese de ter uma velocidade inferior à velocidade de esacpe da Terra, 11,2 km seg, e seriam passíveis de captura e subsequente crescimento. No entanto, mesmo nestes cenários, as colisões de UHECRs com anãs brancas e estrelas de neutrões levariam à sua rápida destruição, mas estes corpos são observados como objectos astronómicos comuns. Assim, se forem produzidos micro-buracos negros estáveis, estes devem crescer muito lentamente para causar quaisquer efeitos macroscópicos dentro do tempo de vida natural do sistema solar.

5,4 NOUTROS DOMÍNIOS:

Muitas aplicações de aceleradores em investigação não foram tratadas neste documento: fonte de luz sincrotrão, laser de electrões livres, fonte de espalação, etc., que são ferramentas essenciais para investigar a natureza que nos rodeia como os "microscópios mais poderosos" disponíveis atualmente. Por outro lado, a I&D está a melhorar continuamente a tecnologia, disponibilizando cada vez mais aceleradores para cuidados de saúde, diagnóstico e outras aplicações comuns à vida. Há muitos outros desenvolvimentos interessantes, como

Por exemplo, a aceleração por plasma que pode aumentar o gradiente de aceleração em 2~3 ordens de grandeza e alterar drasticamente as aplicações dos aceleradores na vida quotidiana.

Em conclusão, os aceleradores HEP, a "Fórmula 1" de tais dispositivos, desempenham um papel fundamental na descoberta dos constituintes do universo e da sua evolução desde o Big Bang. O desenvolvimento de aceleradores HEP leva também a melhorar e adquirir conhecimentos tecnológicos, desencadeando a realização de aceleradores convencionais mais precisos, de baixo custo e eficientes, hoje amplamente utilizados na prática comum de muitos domínios médicos, científicos e tecnológicos.

Tal como referido no exterior, o objetivo principal da presente exposição é fornecer uma introdução aos princípios básicos subjacentes aos aceleradores de partículas e aos seus tipos e fornecer algumas ilustrações das aplicações destas técnicas e de técnicas recentemente desenvolvidas em diferentes tipos de aceleradores de partículas.

Este documento demonstra tanto o nível de sofisticação, as realizações nos aceleradores de partículas como na sua construção e funcionamento. O rápido desenvolvimento dos diferentes tipos de aceleradores de partículas é aqui considerado. Finalmente, apresentamos uma breve descrição das aplicações dos aceleradores de partículas. A apresentação é efectuada com referência a imagens adequadas.

Em conclusão, os aceleradores também levam a melhorar e a adquirir conhecimentos tecnológicos, desencadeando a realização de aceleradores convencionais mais precisos, de baixo custo e eficientes, hoje amplamente utilizados na prática comum de muitos domínios médicos, científicos e tecnológicos.

ESTADO DA MATÉRIA DIFERENTE

A classificação da matéria em três estados diferentes, nomeadamente sólido, líquido e gasoso. É designada por classificação física da matéria. A maioria das propriedades dos sólidos, líquidos e gases que podem ser observadas com os nossos órgãos dos sentidos são designadas por "propriedades macroscópicas", a descrição do comportamento dos três estados da matéria em termos da teoria atómica é designada por descrição microscópica da matéria. Formar o

O estudo das "propriedades observáveis" dos diferentes estados da matéria permite compreender a natureza microscópica da matéria em termos do comportamento das "partículas constituintes".

As caraterísticas importantes dos três Estados são enumeradas a seguir:

Estados da matéria

Estado sólido

Um sólido possui um tamanho (volume) e uma forma definidos em condições normais e tende a mantê-los mesmo em condições de deformação. As substâncias presentes nos sólidos estão estreitamente empacotadas e ligadas por uma forte atração entre as partículas, o que as torna rígidas e geométricas. Alguns exemplos comuns de sólidos são o ferro, a prata, o sal comum, etc.

Estado líquido

Um líquido possui um volume definido mas não

A forma definitiva dos líquidos é constituída por partículas que estão fracamente compactadas e ligadas umas às outras por forças mais fracas do que as dos sólidos. Isto faz com que um líquido seja móvel e não tenha forma, o que faz com que assuma a forma do recipiente em que é colocado. Por exemplo, a água, o álcool, o leite, o óleo, etc.

Estado gasoso

Um gás não possui um volume definido nem uma forma definida. A substância de um gás tem partículas que estão separadas por uma grande distância, não tendo praticamente nenhuma força de atração entre elas. Um gás ocupa todo o volume do recipiente em que é colocado. Também assume a forma do recipiente. Por exemplo, o ar, o dióxido de carbono, o oxigénio, o hidrogénio, etc.

Plasma

O plasma é vagamente descrito como um meio eletricamente neutro de partículas positivas e negativas. É importante notar que, embora não estejam ligadas, estas partículas não são livres quando as cargas se movem, gerando correntes eléctricas com campos magnéticos. Por exemplo, o espaço entre as galáxias.

Breve estudo dos assuntos

Estado sólido

Um sólido tem moléculas, átomos ou iões dispostos numa determinada ordem em posições fixas na rede cristalina. As partículas de um sólido não são livres de se moverem e vibrarem nas suas posições fixas.

Propriedades do sólido:

Sólido relativo a, ou sendo uma substância num estado físico em que resiste a alterações de tamanho e forma

Geometria com ou relacionada com três dimensões

Sólido de ou com uma única cor ou tom uniforme.

Geometria

Uma superfície fechada em espaços tridimensionais. Uma superfície fechada em espaços tridimensionais. Uma superfície desse tipo, juntamente com o volume que a envolve Uma substância sólida, como a madeira, o ferro ou o diamante.

Os sólidos são de dois tipos:

Sólidos cristalinos

Sólidos amorfos

Sólidos cristalinos:

Um sólido cristalino existe sob a forma de pequenos cristais, tendo cada cristal uma forma geométrica caraterística. Num cristal, os átomos, moléculas ou iões estão dispostos num padrão tridimensional repetitivo e regular, designado por rede cristalina.

Ex: açúcar e sal

Sólidos amorfos:

Os átomos, as moléculas ou os iões estão dispostos aleatoriamente e não têm uma estrutura cristalina ordenada. Na sua estrutura desordenada, os sólidos amorfos assemelham-se a líquidos. Assim, os vidros devem ser considerados como líquidos super-resfriados ou altamente viscosos que se tornam ligeiramente mais espessos no fundo devido ao fluxo gradual para baixo.

Ex: borracha, plástico e vidro

Isotropia e anisotropia:

Diz-se que as substâncias amorfas são isotrópicas porque apresentam o mesmo valor de qualquer varia corretamente com a direção. Assim, o índice de refração, as condutividades térmica e eléctrica, o coeficiente de dilatação térmica. Os sólidos amorfos são independentes da direção ao longo da qual são medidos.

Diz-se que as substâncias cristalinas são anisotrópicas e que a magnitude de uma propriedade física varia com as direcções A velocidade da luz num cristal pode variar com a direção em que é medida.

Classificação dos sólidos:

Os sólidos também podem ser classificados com base nas ligações que mantêm os iões, as moléculas ou os átomos unidos na estrutura cristalina. São eles

Cristais iónicos

Cristais moleculares

Cristais covalentes em rede

Cristais metálicos

Cristais iónicos

Num cristal iónico, a rede é constituída por iões positivos e negativos. Estes estão unidos por ligações iónicas. As fortes atracções electrostáticas entre iões opostos alteram-se. Os catiões e os aniões atraem-se e agrupam-se de forma a maximizar as forças de atração.

Ex: Rede Nacl

Cristais moleculares

Nos cristais moleculares, as moléculas são as unidades estruturais. Estas são mantidas juntas pela força da parede de Vander. Como no caso dos cristais iónicos. As moléculas são embaladas em conjunto porque a força de atração não é direcional.

Ex: Estrutura cristalina do CO2 seco

Cristais covalentes em rede

Neste tipo de cristal, os átomos ocupam os sítios da rede. Estes átomos estão ligados uns aos outros por ligações covalentes, produzindo um cristal que é considerado como uma única molécula gigante. Este tipo de sólido é designado por cristais covalentes em rede. Uma vez que os átomos estão ligados por fortes ligações covalentes.

São muito duros e têm pontos de fusão muito elevados.

Ex: Diamante

Cristais metálicos

Os cristais de metais são constituídos por átomos presentes nos locais da rede. Os átomos estão dispostos em diferentes padrões. Muitas vezes em camadas colocadas umas sobre as outras. Os átomos num cristal metálico são vistos como estando unidos por ligações metálicas. Considera-se que os electrões de valência dos átomos metálicos estão deslocalizados, deixando iões metálicos positivos. Os electrões libertados movem-se através dos espaços vazios entre os iões. Assim, um cristal metálico pode ser descrito como tendo iões positivos nas posições da rede rodeados por electrões móveis em todo o cristal.

O modelo do mar de electrões explica bem as propriedades dos metais. Os electrões móveis na estrutura cristalina são excelentes condutores de calor e eletricidade.

Ex: Fulereno de Buckminster

Aplicações de sólidos Grafeno

O grafeno é um material bidimensional constituído por uma única camada de grafite, essencialmente um "fio de galinha feito de carbono", que foi descoberto em 2004.

O grafeno tem propriedades que são exclusivamente diferentes de todos os outros sólidos. É o material mais forte que se conhece e apresenta uma condutividade eléctrica extremamente elevada devido aos seus electrões sem massa, que aparentemente são capazes de viajar a velocidades relativistas.

Diamante

O diamante é o material mais duro que se conhece, definindo o topo da escala 1-10 conhecida como dureza de Moh. O diamante não pode ser derretido; acima de 1700oC. É convertido em grafite, a forma mais estável do carbono. A célula unitária do diamante é cúbica de face centrada e contém 8 átomos de carbono.

Óculos

Estes sólidos são formados a partir de materiais fundidos que não regressam às suas formas cristalinas após o arrefecimento, mas sim a partir de sólidos amorfos duros e frequentemente transparentes. Embora algumas substâncias orgânicas, como o açúcar, possam ser obtidas a partir de vidros [rebuçados de rocha]. Vidros naturais à base de sílica, conhecidos como obsidiana. O vidro comum é produzido através da fusão de areia de sílica à qual se adicionam carbonatos de cálcio e de sódio. Os vidros são transparentes porque a distância em que a desordem aparece é pequena em comparação com o comprimento de onda da luz visível, pelo que não há nada que disperse a luz e produza nebulosidade.

Grafite

A grafite é um polimorfo. Polimorfo do carbono e a sua forma mais estável. Consiste em folhas de anéis de benzeno empilhados em camadas. O espaço entre camadas é suficiente para admitir moléculas de vapor de água e outros gases atmosféricos. Estas são absorvidas nos espaços interlamelares e actuam como lubrificantes. A condutividade eléctrica e térmica da grafite é muito maior. O ponto de material de 4700-5000oc torna a grafite útil como material refratário de alta temperatura.

Células solares

É um dispositivo para converter a energia luminosa em energia eléctrica. É feito de uma fina bolacha de silício contendo uma pequena quantidade de arsénico [semicondutor de tipo n].

Cristal líquido

A aplicação técnica de cristais líquidos em ecrãs planos para computadores de secretária e portáteis ou nos ecrãs de telemóveis tornou-se uma parte indispensável das modernas tecnologias da informação e da comunicação.

Estado líquido

Um líquido tem moléculas que se tocam, mas o espaço intermolecular permite o movimento das moléculas no líquido.

Propriedades do líquido

1. Um líquido não tem forma definida mas tem um volume definido.

2) Um líquido flui sob o seu próprio peso e mantém uma densidade relativamente constante.

3. um líquido tem uma tensão superficial. Forças intermoleculares nos líquidos

As forças intermoleculares nos líquidos são designadas coletivamente por forças das paredes de Vandar. Estas forças são essencialmente de natureza eléctrica e resultam da atração de cargas de sinal oposto Modelo molecular de um líquido com orifícios indicados.

 Os principais tipos de atração intermolecular são,

Atração dipolo-dipolo

Forças de Londres

Ligação de hidrogénio

Forças relativas para as diferentes interações Ligação covalente Ligação de hidrogénio Atração dipolo-dipolo Forças de London 400k cal 12- 16 k cal 2- 0,5 k cal Menos de 1 k cal

As ligações covalentes normais são quase 40 vezes mais fortes do que as ligações de hidrogénio. As ligações covalentes têm quase 200 vezes a força das forças dipolo-dipolo e mais de 400 vezes o tamanho da força de dispersão de London.

Dipolo - Atração de dipolo

Dipolo- A atração dipolar existe entre as moléculas que são polares. Isto requer a presença de ligações polares e uma molécula não simétrica. Estas moléculas têm uma separação permanente de carga positiva e negativa. Na ilustração, o H e o Hcl têm permanentemente uma carga ligeiramente negativa. O átomo de H de uma molécula é atraído pelo átomo de Cl de uma molécula vizinha. A força intermolecular é fraca em comparação com as ligações covalentes, mas esta interação dipolo-dipolo é uma das mais fortes atracções intermoleculares.

Forças de dispersão de Londres

As forças de dispersão de London existem em moléculas não polares. Estas forças resultam num desequilíbrio temporário de cargas. As cargas temporárias existem porque os electrões de uma molécula ou ião se movem aleatoriamente na estrutura. O núcleo de um átomo atrai os electrões do átomo vizinho. Ao mesmo tempo, os electrões de uma partícula repelem os electrões da partícula vizinha e criam um desequilíbrio de carga de curta duração.

Estas cargas temporárias numa molécula ou num átomo atraem cargas opostas em moléculas ou átomos próximos. Uma carga positiva ligeira + numa molécula será atraída por uma carga negativa ligeira temporária - numa molécula vizinha.

Ligação de hidrogénio

As ligações de hidrogénio são tipos únicos de atração intermolecular.

Trata-se de dois requisitos,

Ligação covalente entre um átomo de H e o seu F, O ou N. Estes são os três elementos mais electronegativos.

Interação do H do átomo neste tipo de ligação polar com um par de electrões solitários de um átomo próximo, como F, O ou N

Ligação de hidrogénio na água

O ponto de ebulição normal da água é de 100oC e o ponto de ebulição observado é elevado em comparação com o valor esperado. O ponto de ebulição previsto a partir da tendência dos pontos de ebulição do H2Tc , H2 se, H2S e H2O é muito baixo. Se a tendência se mantivesse, o ponto de ebulição previsto seria inferior a -62oC.

 O ponto de ebulição "anómalo" da água é o resultado da ligação de hidrogénio entre as moléculas de água.

Efeito da ligação de hidrogénio nos pontos de ebulição

A ligação de hidrogénio é responsável pela expansão da água quando congela. As moléculas de água no estado sólido têm uma disposição tetraédrica para os dois pares de ligações de empréstimo e duas ligações simples que irradiam do oxigénio. O par de ligações no átomo "o" pode ser atraído para moléculas de água próximas através de ligações de hidrogénio. O resultado é uma estrutura semelhante a uma gaiola.

Pressão de vapor

Quando um líquido é colocado num recipiente aberto, evapora-se. As moléculas do líquido estão a mover-se com diferentes energias cinéticas.

Se o líquido for colocado num recipiente fechado, as moléculas com elevada energia cinética escapam para o espaço acima do líquido. À medida que o número de moléculas na fase gasosa aumenta, algumas delas atingem a superfície do líquido e são recapturadas (condensação). Uma fase torna-se a fase quando um número de moléculas regressa ao líquido. Por outras palavras, a taxa de evaporação é exatamente igual à taxa de condensação. Estabelece-se assim um equilíbrio dinâmico entre o líquido e o vapor a uma dada temperatura.

Agora, a concentração do vapor no espaço acima do líquido permanecerá inalterada com o passar do tempo. Assim, o vapor exercerá uma pressão definida no equilíbrio. A pressão de vapor no equilíbrio. A pressão de vapor de um líquido é definida como "A pressão exercida pelo vapor em equilíbrio com o líquido a uma temperatura fixa".

Se a temperatura do líquido aumentar, a pressão de vapor diminui. Isto deve-se ao facto de, a uma temperatura elevada, mais moléculas do líquido terem uma grande energia cinética e se separarem da superfície do líquido. Por conseguinte, a concentração de moléculas de vapor aumentará. Tanto a concentração como a energia do vapor são proporcionais à temperatura. Por conseguinte, qualquer aumento de temperatura das moléculas. O resultado será um aumento da pressão de vapor. A partir das curvas experimentais mostradas na figura abaixo, é evidente que, tanto para o álcool etílico como para a água, a pressão de vapor aumenta com o aumento da temperatura.

Efeito da pressão de vapor no ponto de ebulição

Quando um líquido é aquecido, formam-se nele pequenas bolhas. Estas sobem à superfície do líquido e rebentam. A temperatura a que isto acontece é o ponto de ebulição do líquido. Consideremos uma bolha individual. O líquido vaporizou-se e a pressão de vapor na bolha mantém-na na sua forma. No entanto, a pressão da atmosfera exercida no topo do líquido tende a colapsar as bolhas. À medida que a bolha vai para a superfície, a pressão de vapor na bolha iguala-se à pressão atmosférica. Assim, as bolhas colapsam. O "ponto de ebulição do líquido pode, portanto, ser definido como a temperatura na qual a pressão de vapor do líquido é igual à pressão atmosférica".

Tensão superficial:

A propriedade dos líquidos resulta da força de atração intermolecular. Uma molécula no interior de um líquido é atraída igualmente em todas as direcções pelas moléculas que a rodeiam. Uma molécula na superfície de um líquido é atraída apenas lateralmente e em direção ao interior. As forças dos lados sendo contrabalançadas, as moléculas da superfície são puxadas apenas para o interior do líquido. A superfície do líquido está, portanto, sob tensão e tende a contrair a menor área possível de modo a ter o número mínimo de moléculas à superfície.

A tensão superficial (y) é definida como "a força em dinas ao longo da superfície de um líquido, perpendicular a uma linha de 1 cm de comprimento".

Viscosidade:

 Um líquido pode ser considerado como sendo constituído por camadas moleculares dispostas umas sobre as outras. Quando se aplica uma força de corte a um líquido, este flui. No entanto, as forças de atrito entre as camadas são diferentes e oferecem resistência a este fluxo. A viscosidade de um líquido é uma medida da sua resistência ao atrito.

Analisemos um líquido que flui numa superfície de vidro. A camada molecular em contacto com a superfície estacionária tem velocidade zero. As sucessivas camadas acima dela movem-se com velocidades cada vez maiores na direção do fluxo.

Aplicação do líquido:

Os líquidos têm uma variedade de utilizações, como lubrificantes, solventes e refrigerantes. Nos sistemas hidráulicos, o líquido é utilizado para transmitir energia.

Em tribologia, os líquidos são estudados pelas suas propriedades como lubrificantes

Os lubrificantes, como o óleo, são escolhidos pelas suas caraterísticas de viscosidade e de fluxo que são adequadas ao longo da gama de temperaturas de funcionamento do componente. Os óleos são frequentemente utilizados em motores, caixas de velocidades, metalurgia e sistemas hidráulicos devido às suas boas propriedades de lubrificação.

Muitos líquidos são utilizados como solventes, para dissolver outros líquidos ou sólidos. As soluções são encontradas numa grande variedade de aplicações, incluindo tintas, vedantes e adesivos. A nafta e a acetona são frequentemente utilizadas na indústria para limpar óleo, gordura e alcatrão de peças e máquinas. Os fluidos corporais são soluções à base de água.

Os tensioactivos encontram-se normalmente nos sabões e detergentes. Os solventes, como o álcool, são frequentemente utilizados como antimicrobianos. Encontram-se em cosméticos, tintas e lasers de corantes líquidos. São utilizados na indústria alimentar, em processos como a extração de óleo vegetal.

Os líquidos tendem a ter uma melhor condutividade térmica do que os gases, e a capacidade de fluir torna um líquido adequado para ser removido canalizando o líquido através de um permutador de calor, como um radiador, ou o calor pode ser removido canalizando o líquido através de um permutador de calor, como um radiador, ou o calor pode ser removido com o líquido durante a evaporação. A água ou o calor podem ser evitados para evitar o sobreaquecimento dos motores

Estado gasoso

As moléculas de gás estão separadas num espaço vazio. As moléculas são livres de se deslocarem pelo recipiente.

Os gases e os líquidos podem fluir e assumir a forma do seu recipiente. Os sólidos, por outro lado, têm um volume e uma forma definidos. São rígidos e não têm a capacidade de fluir.

Caraterísticas gerais dos gases

Expansibilidade:

Os gases têm uma capacidade de expansão ilimitada. Expandem-se até encher todo o recipiente em que são colocados.

Compressibilidade:

Os gases são facilmente comparados através da aplicação de pressão a um pistão móvel instalado no recipiente.

Difusibilidade :

Os gases podem difundir-se rapidamente uns através dos outros para formar uma mistura homogénea.

Pressão:

Os gases exercem pressão sobre as paredes do recipiente em todas as direcções.

Efeito do calor :

Quando os gases confinados num recipiente são aquecidos, a sua pressão aumenta.

Quando se aquece um recipiente equipado com um pistão, o volume de gás aumenta.

As propriedades dos gases acima referidas podem ser facilmente explicadas pela teoria cinética molecular.

Parâmetros do gás

 Uma amostra de gás pode ser descrita em termos de quatro parâmetros.

São estas as propriedades mensuráveis:

O volume V do gás

Pressão P

Temperatura T

O número de moles n, de gás no recipiente.

Temperatura (T)

A temperatura do gás pode ser medida em graus centígrados (oC) ou graus Celsius.

S. I. A unidade de temperatura é o Kelvin (K) ou graus absolutos. K= oC +273

Os moles da amostra de gás, n:

O número de moles, n, de uma amostra de um gás num recipiente pode ser encontrado dividindo a massa m, da amostra, pela massa molar, m (massa molecular).

Moles de gás (n)= massa da amostra de gás (m)

Massa molecular do gás (m)

Lei dos gases

 A lei de Boyle estabelece que, a uma temperatura constante, o volume de uma massa fixa de gás é inversamente proporcional à sua pressão. Se a pressão for duplicada, o volume diminui para metade.

PV= K

Onde, k é a constante de proporcionalidade

CHARLES LAW

Em 1787, Jacques Charles investigou o efeito da variação da temperatura no volume de uma quantidade fixa de gás a pressão constante.

A pressão constante, o volume de uma massa fixa de gás é diretamente proporcional à temperatura Kelvin da temperatura absoluta. Se a temperatura absoluta for duplicada, o volume é duplicado.

A lei de Charles pode ser expressa matematicamente da seguinte forma: $V/T = K$, $K =$ constante

Lei de Avogadro:

A lei de Avogadro estabelece que, em condições iguais de temperatura e pressão, volumes iguais de gases contêm um número igual de moléculas.

A equação do gás ideal

Vimos três leis simples dos gases

Lei de Boyle $V \alpha 1/p$ (T, n constante) Lei de Charle $V \alpha T$ (n, p constante) **Lei de Avogadro** $V \alpha n$ (p, T constante) Combinando estas três leis $V \alpha n T/p$

Esta é a chamada lei universal dos gases ou lei dos gases ideais, ou seja, o volume de uma determinada quantidade de gás é diretamente proporcional ao número de moles de gás, diretamente proporcional à temperatura e inversamente proporcional à pressão.

$V = R\, nT/p$ $PV = nRT$

Chamada equação do gás ideal.

Diferentes tipos de velocidades

No estudo da teoria cinética, deparamo-nos com três tipos diferentes de velocidade.

A velocidade média (V) $V_{rms} = 2\,RT/M$

A raiz quadrada média (μ) da velocidade $U = \sqrt{3RT}/M$

A velocidade mais provável (Vmn) $V\,mps = 2RT/M$

CONDENSADO DE BOSE - EINSTEIN

Velocidade num gás de rubídio à medida que é arrefecido: os materiais de partida estão à esquerda e o condensado de Bose-Einstein está à direita.

Em 1924, Albert Einstein e Satyendra Nat Bose previram o "condensado de Bose -

Einstein" (BEC), por vezes referido como o quinto estado da matéria. Num BEC, a matéria deixa de se comportar como partículas independentes e colapsa num estado quântico de sinal que pode ser descrito com uma função de onda única e uniforme.

Na fase gasosa, o condensado de Bose-Einstein permaneceu uma previsão teórica não verificada durante muitos anos. Em 1995, os grupos de investigação de Eric Cornell e Carl Wieman, do JILA da Universidade do Colorado em Boulder, produziram experimentalmente o primeiro condensado deste tipo. Um condensado de Bose-Einstein é mais "frio" do que um sólido. Pode ocorrer quando os átomos têm níveis quânticos muito semelhantes (ou iguais), a temperaturas muito próximas do zero absoluto (-273,15 oC)

Aplicação de gases Adsorção de gases

A capacidade dos zeólitos activados para adsorver muitos gases numa base selectiva é, em parte, determinada pelo tamanho dos canais que variam entre 2,5 e 4,3 de diâmetro (de acordo com o tipo de zeólito). O tamanho específico do canal permite que a zeólita actue como peneira de gás molecular e adsorva seletivamente gases como amoníaco, sulfureto de hidrogénio, monóxido de carbono, dióxido de carbono, dióxido de enxofre, vapor de água, oxigénio, nitrogénio, formaldeído e outros. CABSORB ZS/ZC 500 A tem cerca de 47% de espaço vazio e uma área de superfície de cerca de 500 metros quadrados por grama, que é maior do que qualquer outro mineral zeolítico natural. Isto significa que a taxa de sorção e de troca iónica é mais elevada do que em qualquer outro zeólito natural.

Adsorção/dessorção de água

Os zeólitos naturais possuem uma elevada afinidade pela água e têm a capacidade de a adsorver e dessorver sem danificar a estrutura cristalina. Esta propriedade torna-os úteis na dessecação, bem como noutros sistemas comerciais únicos, como o armazenamento de calor. Em muitas aplicações industriais e comerciais, os zeólitos têm sido considerados altamente eficazes no controlo dos níveis de humidade, particularmente em faixas de baixa humidade, onde outros dessecantes são menos eficazes. A GAS Resources, Inc. produz ZS/ZC500A como produtos de peneira molecular de baixo custo.

Troca de iões

A capacidade de permuta catiónica altamente selectiva torna as zeólitas especialmente benéficas no controlo de níveis catiónicos específicos em sistemas de água, na agricultura e em muitas outras áreas. As capacidades de absorção de iões de metais pesados da ZS500H são superiores às das zeólitas sintéticas 3A, 4A, 5A e equivalentes a 13 X para a remoção de cu+2, pb+2 e zn +2 da solução. A ZS500RW está qualificada para o tratamento de resíduos radioactivos para a remoção de Sr90 e Ce137.

PLASMA:

Lâmpada de plasma, ilustrando alguns dos fenómenos mais complexos do plasma, incluindo a filamentação. A cor é o resultado da relaxação dos electrões no estado excitado para um estado de energia mais baixo, depois de se terem recombinado com os iões. Estes processos emitem luz no espetro caraterístico do gás que está a ser excitado.

Em física e química, o plasma é um estado da matéria semelhante a um gás, no qual uma certa parte das partículas está ionizada. O aquecimento de um gás pode ionizar (reduzir o número de electrões) as suas moléculas ou átomos, transformando-o assim num plasma, que contém partículas carregadas: iões positivos e electrões negativos. A ionização pode ser induzida por outros meios, como um forte campo eletromagnético aplicado com um laser ou um gerador de micro-ondas, e é acompanhada pela dissociação de ligações moleculares, se existirem.

A presença de um número não negligenciável de portadores de carga torna o plasma eletricamente condutor, pelo que responde fortemente a campos electromagnéticos. O plasma tem, por conseguinte, propriedades muito diferentes das dos sólidos, líquidos ou gases e é considerado um estado distinto da matéria. Tal como o gás, o plasma não tem uma forma definida nem um volume definido, a menos que esteja encerrado num recipiente; feixes e dupla camada. Alguns exemplos comuns de plasma são os arranques e os sinais de néon. No universo, o plasma é o estado da matéria mais comum para a matéria ordinária, a maior parte da qual se encontra no campo raro do plasma intergaláctico (particularmente no meio intercluster) e nas estrelas.

FASE:

Na ciência física, uma fase é uma região do espaço (um sistema termodinâmico), ao longo da qual todas as propriedades físicas dos materiais são essencialmente uniformes. Exemplos de propriedades físicas incluem a densidade, o índice de refração e a composição química. Uma descrição simples é que uma fase é uma região de material que é quimicamente uniforme, fisicamente distinta e (frequentemente) mecanicamente separável. Num sistema que consiste em gelo e água num frasco de vidro, os cubos de gelo são uma fase, a água é uma segunda fase e o ar húmido que envolve a água é uma terceira fase. O vidro do frasco é outra fase separada. O termo fase é por vezes utilizado como sinónimo de estado da matéria. Além disso, o termo fase é utilizado como sinónimo de estado da matéria. Uma vez que as fronteiras de fase estão relacionadas com a mudança na organização da matéria, como a mudança de líquido para sólido ou uma mudança mais subtil de uma estrutura cristalina para outra, esta última utilização é semelhante à utilização de "fase" como sinónimo de estado da matéria. No entanto, as utilizações do estado da matéria e do diagrama de fases não são compatíveis com a definição formal acima apresentada e o significado pretendido deve ser determinado em parte a partir do contexto em que o termo é utilizado. Um pequeno pedaço de gelo de árgon em fusão rápida mostra a transição do estado sólido para o estado líquido

TIPOS DE FASE:
Diagrama de fases ferro-carbono, mostrando as condições necessárias para a formação das diferentes fases
As fases distintas podem ser descritas como diferentes estados da matéria, tais como gás, líquido, sólido, plasma ou condensado de Bose-Einstein. As mesofases úteis entre o sólido e o líquido formam outros estados da matéria.
Podem também existir fases distintas num determinado estado da matéria.
Como se mostra no diagrama das ligas de ferro, existem várias fases, tanto no estado sólido como no estado líquido. As fases também podem ser diferenciadas com base na solubilidade, como no caso das fases polares
(hidrofílico) ou não-polar (hidrofóbico). Uma mistura de água (um líquido polar) e óleo (um líquido não polar) separar-se-á espontaneamente em duas fases. A água tem uma solubilidade muito baixa, que é a quantidade máxima de um soluto que se pode dissolver num solvente antes de o soluto deixar de se dissolver e permanecer numa fase

separada. Uma mistura pode separar-se em mais do que duas fases líquidas e o conceito de separação de fases estende-se ao sólido, ou seja, os sólidos podem formar soluções sólidas ou cristalizar-se em fases cristalinas distintas. Os pares de metais que são mutuamente solúveis podem formar ligas, enquanto que os pares de metais que são mutuamente insolúveis não podem. Foram observadas até oito fases líquidas imiscíveis. As fases líquidas mutuamente imiscíveis formam-se a partir de água (fase aquosa), solventes orgânicos hidrofóbicos, por fluorocarbonetos (fase fluorosa), silicones, vários metais diferentes, e também a partir de fósforo fundido. Nem todos os solventes orgânicos são completamente miscíveis, por exemplo, uma mistura de etilenoglicol e tolueno pode separar-se em duas fases orgânicas distintas.

As fases não precisam de se separar macroscopicamente de forma espontânea. A emulsão e os colóides são exemplos de combinações de pares de fases imiscíveis que não se separam fisicamente.

6.12 Equilíbrio de fases

Deixadas em equilíbrio, muitas composições formarão uma única fase uniforme, mas dependendo da temperatura e da pressão, mesmo uma única substância pode separar-se em duas ou mais fases distintas.

Dentro de cada fase, as propriedades são uniformes, mas entre as duas fases as propriedades diferem.

A água num frasco fechado com um espaço de ar sobre ele forma um sistema de duas fases. A maior parte da água está na fase líquida, onde é mantida pela atração mútua das moléculas de água. Mesmo em equilíbrio, as moléculas estão em constante movimento e, de vez em quando, uma molécula na fase líquida ganha energia cinética suficiente para se libertar da fase líquida e entrar na fase gasosa. Da mesma forma, de vez em quando, uma molécula de vapor colide com a superfície do líquido e condensa-se no líquido.

No equilíbrio, os processos de evaporação e condensação equilibram-se exatamente e não há alteração líquida no volume de nenhuma das fases.

À temperatura e pressão ambiente, o frasco de água atinge o equilíbrio quando o ar sobre a água tem uma humidade de cerca de 3%. Esta percentagem aumenta com o aumento da temperatura. A 100o C e à pressão atmosférica, o equilíbrio não é atingido até que o ar seja 100% água. Se o líquido for aquecido um pouco acima de 100oC, a transição de líquido para gás ocorrerá não apenas na superfície, mas em todo o volume líquido: a água entra em ebulição.

NÚMERO DE FASES

Um diagrama de fases típico para materiais monocomponentes, exibindo as fases sólida, líquida e gasosa. A linha verde sólida mostra a forma habitual da linha de fase líquido-sólido. A linha verde a tracejado mostra o comportamento anómalo da água.

Para uma dada composição, apenas determinadas fases são possíveis a uma dada temperatura e pressão. O número e o tipo de fases que se formarão é difícil de prever e é normalmente determinado por experiências. Os resultados dessas experiências podem ser representados em diagramas de fases.

O diagrama de fases mostrado aqui é para um sistema de um único componente. Neste sistema simples, as fases possíveis dependem apenas da pressão e da temperatura. A marcação mostra os pontos onde duas ou mais fases podem coexistir em equilíbrio. A temperaturas e pressão sempre a partir das marcações, haverá apenas uma fase em equilíbrio.

No diagrama, a linha azul que marca a fronteira entre o líquido e o gás não continua indefinidamente, mas termina num ponto chamado ponto crítico. À medida que a temperatura e a pressão se aproximam do ponto crítico, as propriedades do líquido e do gás tornam-se progressivamente mais semelhantes. No ponto crítico, o líquido e o gás tornam-se indistinguíveis. Acima do ponto crítico, já não existem fases líquidas e gasosas separadas: existe apenas uma fase genérica de fluido designada por fluido supercrítico. Na água, o ponto crítico ocorre a cerca de 647 K (374o C ou 705oF) e 22,064 MPa.

Uma caraterística invulgar do diagrama de fases da água é o facto de a linha da fase sólido-líquido (ilustrada pela linha verde a tracejado) ter um declive negativo. Para a maioria das substâncias, o declive é positivo, como exemplificado pela linha verde escura. Esta caraterística invulgar da água está relacionada com o facto de o gelo ter uma densidade inferior à da água líquida. O aumento da pressão faz com que a água passe para a fase de maior densidade, o que provoca a sua fusão.

Outra caraterística interessante, mas não usual, do diagrama de fases é o ponto onde a linha de fase sólido-líquido encontra a linha de fase líquido-gás. A intersecção é designada por ponto triplo. No ponto triplo, as três fases podem coexistir.

 Experimentalmente, as linhas de fase são relativamente fáceis de mapear devido à interdependência da temperatura e da pressão que se desenvolve quando se formam múltiplas fases. Ver a regra das fases de Gibb. Considere um aparelho de teste que consiste num cilindro fechado e bem isolado, equipado com um pistão. Carregando a quantidade certa de água e aplicando calor, o sistema pode ser levado a qualquer ponto na região gasosa do diagrama de fases. Se o pistão for baixado lentamente, o sistema traçará uma curva de temperatura e pressão crescentes na região gasosa do diagrama de fases. No ponto em que o líquido começa a condensar, a direção da curva de temperatura e pressão muda abruptamente para traçar ao longo da linha de fase até que toda a água tenha condensado

6.21 TRANSIÇÃO DE FASE

Uma transição de fase é a transformação de um sistema termodinâmico de uma fase ou estado da matéria para outro.

Uma fase de um sistema termodinâmico e os estados da matéria têm propriedades físicas uniformes.

Durante uma transição de fase de um determinado meio, certas propriedades do meio mudam, frequentemente de forma descontínua, em resultado de alguma condição externa, como a temperatura, a pressão e outras. Por exemplo, um líquido pode transformar-se num gás ao ser aquecido até ao ponto de ebulição, resultando numa mudança abrupta de volume. A medição das condições externas em que ocorre a transformação é designada por ponto de transição de fase.

As transições de fase são fenómenos comuns observados na natureza e muitas técnicas de engenharia exploram certos tipos de transição de fase.

O termo é mais comummente utilizado para descrever transições entre os estados sólido, líquido e gasoso da matéria, incluindo, em casos raros, o plasma.

Hoje em dia, os diferentes estados da matéria têm uma grande variedade de aplicações em muitos domínios, tais como a imagiologia a três dimensões de objectos, a informação estatística, as peças sobresselentes e a maquinaria, a segurança da informação pessoal e muitas outras actividades.

No final deste projeto, teremos aprendido sobre os estados da matéria. Deveremos ser capazes de responder a perguntas sobre cada estado da matéria. Deveremos também ser capazes de comparar os estados da matéria, bem como descrever a relação entre a teoria cinética molecular e os estados da matéria.

Muitos mais seminários de investigação e projectos estão a decorrer sobre os diferentes estados da matéria para obter factos inéditos e importância. A adição e a aplicação de diferentes estados da matéria é uma caraterística nossa.

CINEMÁTICA

Os objectos estão em movimento para onde quer que olhemos. Tudo, desde um jogo de ténis até à passagem de uma sonda espacial pelo planeta Neptuno, envolve movimento. Quando estamos em repouso, o coração move o sangue nas veias. E mesmo em objectos inanimados, há um movimento contínuo nas vibrações dos átomos e das moléculas. As questões sobre o movimento são interessantes por si só: Quanto tempo demorará uma sonda espacial a chegar a Marte? Onde aterrará uma bola de futebol se for lançada num determinado ângulo? Mas a compreensão do movimento é também fundamental para a compreensão de outros conceitos da física. A compreensão da aceleração, por exemplo, é crucial para o estudo da força.

O nosso estudo formal da física começa com a cinemática, que é definida como o estudo do movimento sem considerar as suas causas. A palavra "cinemática" vem de um termo grego que significa movimento e está relacionada com outras palavras inglesas como "cinema" (filmes) e "kinesiology" (o estudo do movimento humano). Na cinemática unidimensional e na cinemática bidimensional, estudaremos apenas o movimento de uma bola de futebol, por exemplo, sem nos preocuparmos com as forças que causam ou alteram o seu movimento. Essas considerações serão feitas noutros capítulos. Neste capítulo, examinamos o tipo mais simples de movimento - o movimento ao longo de uma linha reta, ou movimento unidimensional. Em Cinemática bidimensional, aplicamos os conceitos aqui desenvolvidos ao estudo do movimento ao longo de trajectórias curvas (movimento bidimensional e tridimensional); por exemplo, o movimento de um carro ao contornar uma curva.

Posição

Para descrever o movimento de um objeto, é necessário primeiro descrever a sua posição - onde se encontra num determinado momento. Mais precisamente, é necessário especificar a sua posição relativamente a um referencial conveniente. A Terra é frequentemente utilizada como referencial e é frequente descrevermos a posição de um objeto em relação a objectos estacionários nesse referencial. Por exemplo, o lançamento de um foguetão seria descrito em termos da posição do foguetão em relação à Terra como um todo, enquanto a posição de um professor poderia ser descrita em termos da sua posição em relação ao quadro branco próximo. (Ver Figura 2.3.) Noutros casos, utilizamos referenciais que não são estacionários mas que estão em movimento relativamente à Terra. Para descrever a posição de uma pessoa num avião, por exemplo, usamos o avião, e não a Terra, como referencial.

Deslocação

Se um objeto se desloca em relação a um referencial (por exemplo, se um professor se desloca para a direita em relação a um quadro branco ou se um passageiro se desloca para a retaguarda de um avião), então a posição do objeto muda. Esta mudança de posição é conhecida como deslocamento. A palavra "deslocamento" implica que um objeto se moveu ou foi deslocado.

Distância

Embora a deslocação seja descrita em termos de direção, a distância não o é. A distância é definida como a magnitude ou tamanho da deslocação entre duas posições. Note-se que a distância entre duas posições não é a mesma que a distância percorrida entre elas. A distância percorrida é o comprimento total do caminho percorrido entre duas posições. A distância não tem direção e, portanto, não tem sinal. Por exemplo, a distância que o professor percorre é de 2,0 m. A distância que o passageiro do avião percorre é de 4,0 m.

Alerta de equívoco: Distância percorrida vs. Magnitude da deslocação

É importante notar que a distância percorrida, no entanto, pode ser maior do que a magnitude do deslocamento (por magnitude, entendemos apenas o tamanho do deslocamento sem considerar a sua direção; ou seja, apenas um número com uma unidade). Por exemplo, o professor pode andar para trás e para a frente muitas vezes, talvez percorrendo uma distância de 150 m durante uma aula, mas ainda assim acabar apenas 2,0 m à direita do seu ponto de partida. Neste caso, o seu deslocamento seria de +2,0 m, a magnitude do seu deslocamento seria de 2,0 m, mas a distância percorrida seria de 150 m. Em cinemática, lidamos quase sempre com o deslocamento e a magnitude do deslocamento, e quase nunca com a distância percorrida. Uma forma de pensar sobre isto é assumir que marcou o início e o fim do movimento. O deslocamento é simplesmente a diferença na posição das duas marcas e é independente do caminho percorrido entre as duas marcas. A distância percorrida, no entanto, é o comprimento total do caminho percorrido entre as duas marcas.

Vectores, escalares e sistemas de coordenadas

Qual é a diferença entre distância e deslocamento? Enquanto o deslocamento é definido tanto pela direção como pela magnitude, a distância é definida apenas pela magnitude. O deslocamento é um exemplo de uma quantidade vetorial. A distância é um exemplo de uma grandeza escalar. Um vetor é qualquer quantidade com magnitude e direção. Outros exemplos de vectores incluem uma velocidade de 90 km/h para leste e uma força de 500 newtons em linha reta para baixo.

A direção de um vetor em movimento unidimensional é dada simplesmente por um sinal de mais (+) ou de menos (-). Os vectores são representados graficamente por

setas. Uma seta utilizada para representar um vetor tem um comprimento proporcional à magnitude do vetor (por exemplo, quanto maior a magnitude, maior o comprimento do vetor) e aponta na mesma direção que o vetor.

Algumas grandezas físicas, como a distância, ou não têm direção ou nenhuma é especificada. Um escalar é qualquer quantidade que tem uma magnitude, mas não tem direção. Por exemplo, uma temperatura de 20°C, as 250 quilocalorias (250 Calorias) de energia numa barra de chocolate, um limite de velocidade de 90 km/h, a altura de 1,8 m de uma pessoa, e
a uma distância de 2,0 m são todos escalares - quantidades sem direção especificada. Note, no entanto, que um escalar pode ser negativo, tal como uma temperatura de -20°C. Neste caso, o sinal menos indica um ponto na escala e não uma direção. Os escalares nunca são representados por setas.

Sistemas de coordenadas para movimentos unidimensionais

Para descrever a direção de uma quantidade vetorial, é necessário designar um sistema de coordenadas no quadro de referência. Para o movimento unidimensional, este é um sistema de coordenadas simples que consiste numa linha de coordenadas unidimensional. Em geral, quando se descreve um movimento horizontal, o movimento para a direita é normalmente considerado positivo e o movimento para a esquerda é considerado negativo. Com o movimento vertical, o movimento para cima é normalmente positivo e o movimento para baixo é negativo. No entanto, em alguns casos, como no caso do jato da Figura 2.6, pode ser mais conveniente mudar as direcções positiva e negativa. Por exemplo, se estiver a analisar o movimento de objectos em queda, pode ser útil definir o movimento para baixo como a direção positiva. Se as pessoas numa corrida estiverem a correr para a esquerda, é útil definir a esquerda como a direção positiva. Não importa, desde que o sistema seja claro e consistente. Quando se atribui uma direção positiva e se começa a resolver um problema, não é possível alterá-la.

Tempo, velocidade e rapidez

O movimento é mais do que a distância e a deslocação. Perguntas como "Quanto tempo demora uma corrida a pé?" e "Qual era a velocidade do corredor?" não podem ser respondidas sem a compreensão de outros conceitos. Nesta secção, acrescentamos definições de tempo, velocidade e rapidez para expandir a nossa descrição do movimento.

Tempo

Tal como referido em Grandezas Físicas e Unidades, as grandezas físicas mais fundamentais são definidas pela forma como são medidas. É o caso do tempo. Todas as medições de tempo envolvem a medição de uma alteração numa qualquer grandeza física. Pode ser um número num relógio digital, um batimento cardíaco ou a posição do Sol no céu. Em física, a definição de tempo é simples - tempo é mudança, ou o intervalo durante o qual a mudança ocorre. É impossível saber que o tempo passou a não ser que algo mude.

A quantidade de tempo ou mudança é calibrada por comparação com um padrão. A unidade SI para o tempo é o segundo, abreviado s. Podemos, por exemplo, observar que um determinado pêndulo faz uma oscilação completa a cada 0,75 s. Podemos então utilizar o pêndulo para medir o tempo, contando as suas oscilações ou, claro, ligando o pêndulo a um mecanismo de relógio que regista o tempo num mostrador. Isto permite-nos não só medir a quantidade de tempo, mas também determinar uma sequência de acontecimentos.

Como é que o tempo se relaciona com o movimento? Estamos normalmente interessados no tempo decorrido para um determinado movimento, por exemplo, quanto tempo demora um passageiro de avião a ir do seu lugar para a parte de trás do avião. Para determinar o tempo decorrido, anotamos o tempo no início e no fim do movimento e subtraímos os dois. Por exemplo, uma palestra pode começar às 11:00 e terminar às 11:50, pelo que o tempo decorrido seria de 50 minutos. O tempo decorrido Δt é a diferença entre a hora de fim e a hora de início,

Velocidade

A tua noção de velocidade é provavelmente a mesma que a definição científica. Sabe que se tiver um grande deslocamento num pequeno intervalo de tempo, tem uma grande velocidade, e que a velocidade tem unidades de distância divididas pelo tempo, como milhas por hora ou quilómetros por hora.

Quanto mais pequenos forem os intervalos de tempo considerados num movimento, mais detalhada será a informação. Quando levamos este processo à sua conclusão lógica, ficamos com um intervalo infinitesimalmente pequeno. Nesse intervalo, a velocidade média passa a ser a velocidade instantânea ou a velocidade num determinado instante. O velocímetro de um carro, por exemplo, mostra a magnitude (mas não a direção) da velocidade instantânea do carro. (A polícia passa multas com base na velocidade instantânea, mas quando se calcula quanto tempo demora a ir de um sítio para outro numa viagem de carro, é preciso usar a velocidade média). A velocidade instantânea v é a velocidade média num determinado instante de tempo (ou num intervalo de tempo infinitesimalmente pequeno).

Matematicamente, encontrar a velocidade instantânea, v , num instante preciso t pode envolver a obtenção de um limite, uma operação de cálculo que ultrapassa o âmbito deste texto.

No entanto, em muitas circunstâncias, podemos encontrar valores exactos para a velocidade instantânea sem cálculo.

Velocidade

Na linguagem quotidiana, a maioria das pessoas utiliza os termos "velocidade" e "rapidez" indistintamente. No entanto, em física, não têm o mesmo significado e são conceitos distintos. Uma das principais diferenças é que a velocidade não tem direção. Assim, a velocidade é um escalar. Tal como precisamos de distinguir entre velocidade instantânea e velocidade média, também precisamos de distinguir entre velocidade instantânea e velocidade média.

A velocidade instantânea é a magnitude da velocidade instantânea. Por exemplo, suponha que o passageiro de um avião tinha, num dado instante, uma velocidade instantânea de -3,0 m/s (o menos significa para a retaguarda do avião). Nesse mesmo instante, a sua velocidade instantânea era de 3,0 m/s. Ou suponhamos que, num dado momento, durante uma ida às compras, a sua velocidade instantânea é de 40 km/h para norte. A sua velocidade instantânea nesse instante seria de 40 km/h-a mesma magnitude, mas sem uma direção. A velocidade média, no entanto, é muito diferente da velocidade média. A velocidade média é a distância percorrida dividida pelo tempo decorrido.

Observámos que a distância percorrida pode ser maior do que o deslocamento. Assim, a velocidade média pode ser maior do que a velocidade média, que é o deslocamento dividido pelo tempo. Por exemplo, se fores a uma loja e voltares para casa em meia hora, e o conta-quilómetros do teu carro mostrar que a distância total percorrida foi de 6 km, então a tua velocidade média foi de 12 km/h. No entanto, a sua velocidade média foi zero, porque o seu deslocamento na viagem de ida e volta é zero. (Deslocamento é a mudança de posição e, portanto, é zero para uma viagem de ida e volta.) Assim, a velocidade média não é simplesmente a magnitude da velocidade média.

REFERÊNCIAS

Foth, H.D. (1990). Fundamentals of soil science, *8th Ed. John Wiley and Sons, Inc.,* Nova Iorque, EUA: 360.

Goldstein, J., Newbury, DE., Joy, DC., Lyman, CE., Echlin, P., Lifshin, E., Sawuer, L., e Michael, JR. (2007). Microscopia eletrónica de varrimento e microanálise de raios X. *Terceira edição ed.: Springer.*

Hue, NV., e Amien, I. (1989). Deterioração do alumínio com adubos verdes. *Comunidade e Ciência do Solo e Análises de Plantas,* 20: 1499-1511.

Indoria, AK., Sharma, KL., Reddy, SK., e Rao, CS. (2016). Papel das propriedades físicas do solo na gestão da saúde do solo e produtividade das culturas em sistemas de sequeiro-II. *Tecnologia de gestão e produção de culturas Ciência atual,* 3 (110): 320-328.

Intalab, S., e Sodthisong, E. (1979). Efeitos da aplicação de zinco na produção de feijão-mungo em solos calcários. *Relatório anual de 1979. Divisão de Ciência do Solo,* Departamento de Agricultura, Tailândia.

Jackson, ML, 1973. Soil Chemical analysis, *Prentice- Hall, Englewood Cliffs, New Jersy,* 470 - 490.

Jain, P., e Singh, D. (2014). Análise da diversidade físico-química e microbiana de diferentes variedades de solo recolhidas em Madhya Pradesh, Índia. *Revista académica de ciências agrícolas,* 4 (2): 103-108.

Jain, SA., Jagtap, MS., Patel, KP. (2014). Caracterização físico-química do solo agrícola utilizado em algumas aldeias de Lunawada Taluka, Dist : Mahisagar (Gujarat) Índia. *Jornal Internacional de Publicação de Ciência e Pesquisa,* 4 (3): 1-5.

Jayaprakash, R., Vishwanath, SY., Punitha, BC., e Shilpashree, VM. (2012). Distribuição vertical de propriedades químicas e estado de macro nutrientes em perfis de solo de cultivo de areca não tradicionais de Karnataka, *Indian Journal Fundamental and Applied Life Science*, 2: 59 -62.

Jenny, H. (1941). Factores de Formação do Solo: Um Sistema de Pedologia Quantitativa. *Publicação McGraw-Hill*: 56-70.

Jian, L., Xiyong, W., e Long, H., (2014). Propriedades físicas, mineralógicas e micromorfológicas do solo expansivo tratado a diferentes temperaturas. *Journal of Nanomaterials*, 2014: 1-7.

I want morebooks!

Buy your books fast and straightforward online - at one of world's fastest growing online book stores! Environmentally sound due to Print-on-Demand technologies.

Buy your books online at
www.morebooks.shop

Compre os seus livros mais rápido e diretamente na internet, em uma das livrarias on-line com o maior crescimento no mundo! Produção que protege o meio ambiente através das tecnologias de impressão sob demanda.

Compre os seus livros on-line em
www.morebooks.shop

info@omniscriptum.com
www.omniscriptum.com

Printed by Books on Demand GmbH, Norderstedt / Germany